漫画万物由来 我们的食物

不可思议的土豆

云狮动漫 编著

四川少年儿童出版社

图书在版编目（CIP）数据

不可思议的土豆 / 云狮动漫编著. -- 成都 : 四川少年儿童出版社, 2020.6
（漫画万物由来. 我们的食物）
ISBN 978-7-5365-9786-0

Ⅰ. ①不… Ⅱ. ①云… Ⅲ. ①马铃薯－儿童读物 Ⅳ. ①S532-49

中国版本图书馆CIP数据核字(2020)第087822号

出 版 人：常 青
项目统筹：高海潮
责任编辑：赖昕明
特约编辑：董丽丽
美术编辑：苏 涛
封面设计：章诗雅
绘　　画：张 扬
责任印制：王 春 袁学团

BUKESIYI DE TUDOU
书　　名：不可思议的土豆
编　　著：云狮动漫
出　　版：四川少年儿童出版社
地　　址：成都市槐树街2号
网　　址：http://www.sccph.com.cn
网　　店：http://scsnetcbs.tmall.com
经　　销：新华书店
印　　刷：成都思潍彩色印务有限责任公司
成品尺寸：285mm×210mm
开　　本：16
印　　张：3
字　　数：60千
版　　次：2020年8月第1版
印　　次：2020年8月第1次印刷
书　　号：ISBN 978-7-5365-9786-0
定　　价：28.00元

若发现印装质量问题，请及时向市场营销部联系调换。
地　　址：成都市槐树街2号四川出版大厦六楼四川少年儿童出版社市场营销部
邮　　编：610031
咨询电话：028-86259237　　86259232

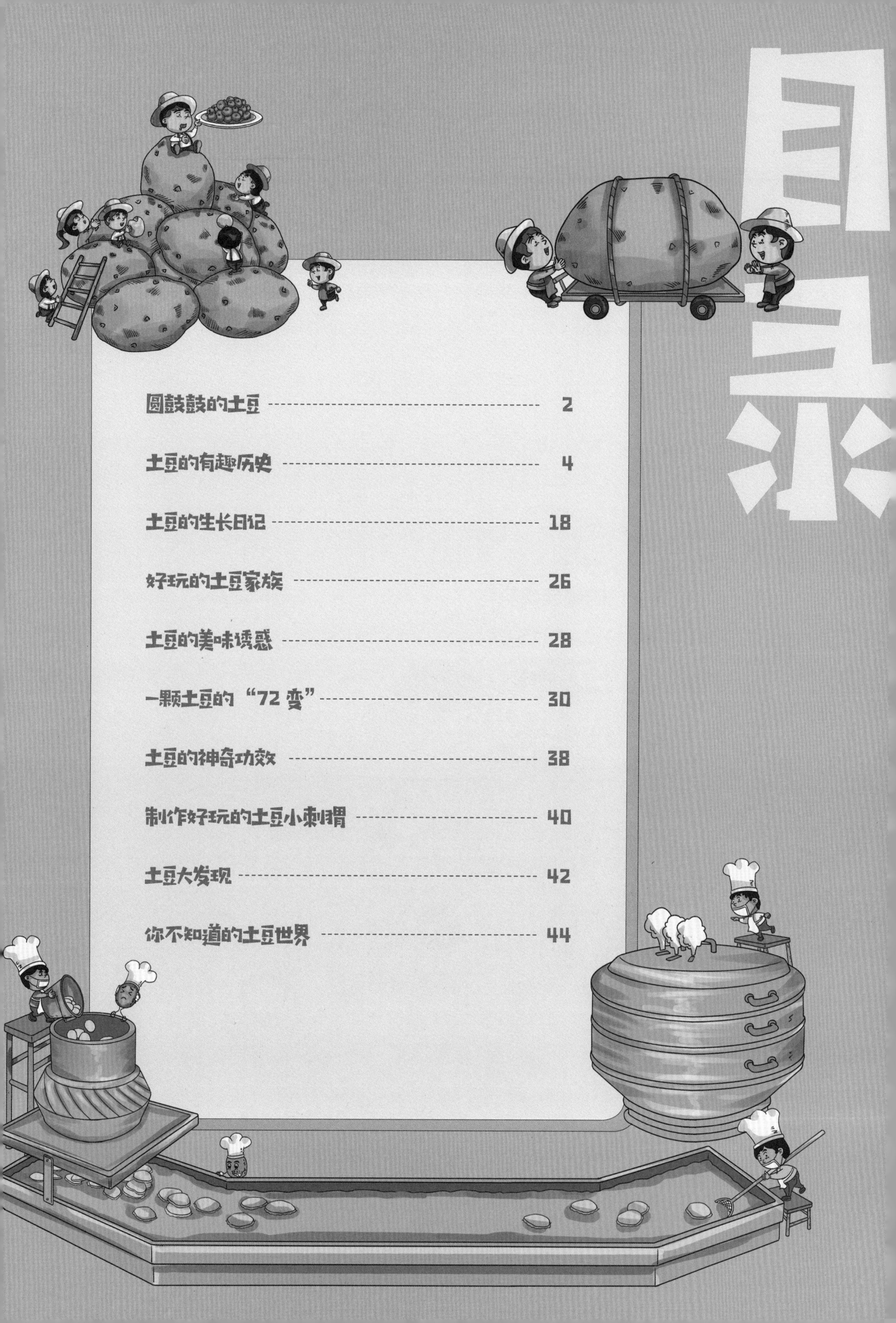

目录

圆鼓鼓的土豆

土豆的学名叫马铃薯，它长得圆鼓鼓的，表面有一层薄薄的土黄色外皮，看起来样子笨笨的。别看土豆其貌不扬，它可是餐桌上的超级食材，可以被做成各种美味的食物，被全世界的人们所喜爱！而且，土豆不光好吃，还非常有营养，被营养学家称为“十全十美”的最佳食物。

你知道吗？土豆既是蔬菜，也是粮食。它和小麦、水稻、玉米并称为“世界四大粮食作物”。

认识土豆植株

土豆是茄科多年生草本植物，但通常是一季或两季栽培，植株高度可达 100 厘米。土豆植株由地上和地下两部分组成。地上部分有地上茎、叶、花、果实；地下部分有地下茎、根、匍匐茎和块茎。我们吃的土豆就是土豆植株的块茎。

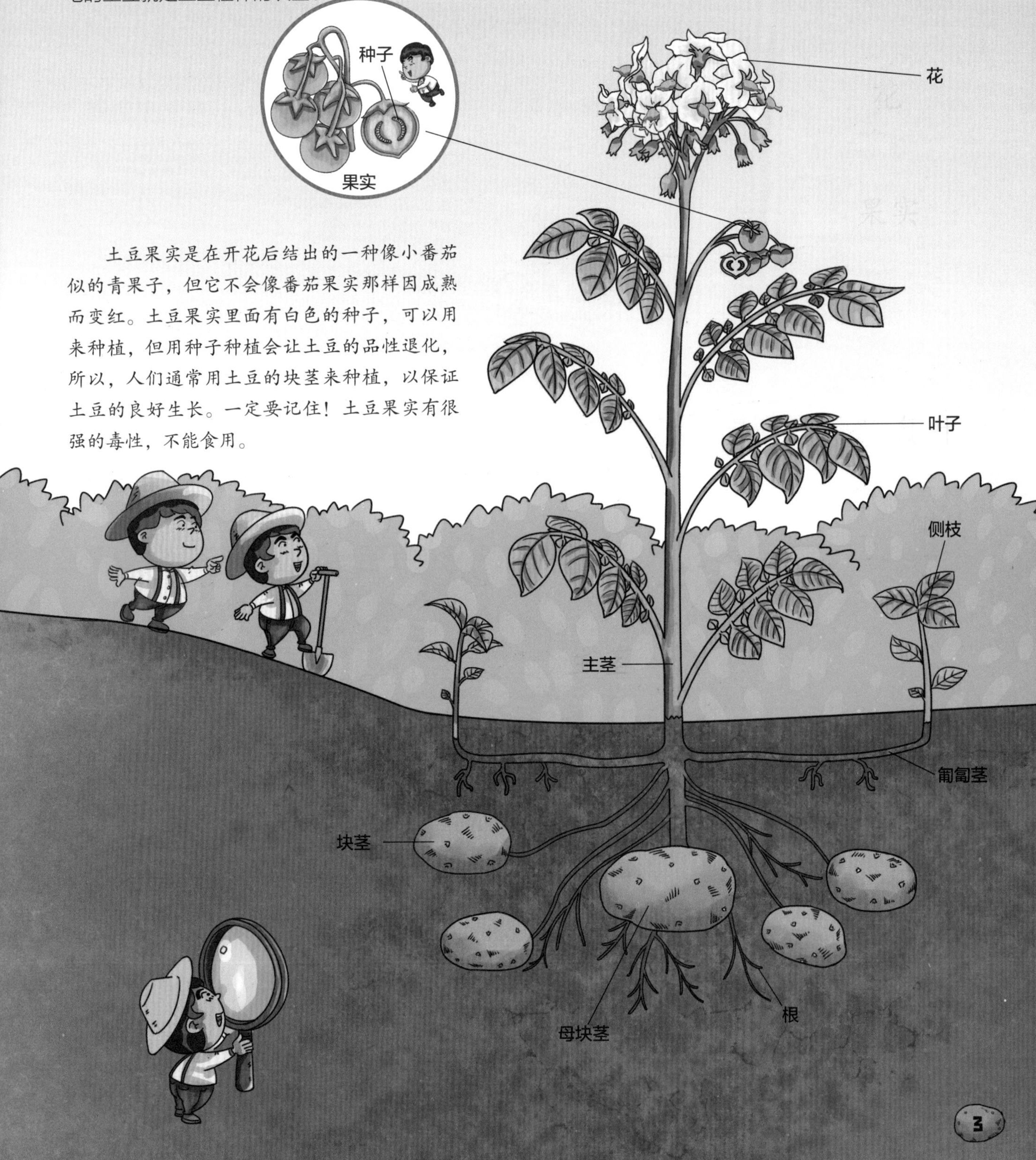

土豆果实是在开花后结出的一种像小番茄似的青果子，但它不会像番茄果实那样因成熟而变红。土豆果实里面有白色的种子，可以用来种植，但用种子种植会让土豆的品性退化，所以，人们通常用土豆的块茎来种植，以保证土豆的良好生长。一定要记住！土豆果实有很强的毒性，不能食用。

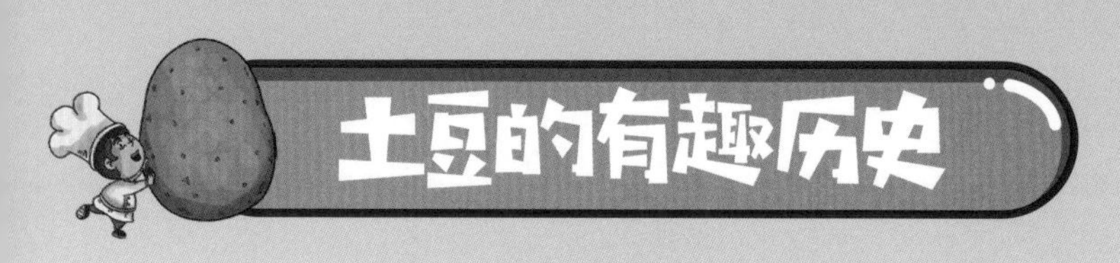

土豆的有趣历史

你知道是谁最早发现了野生土豆吗？是谁敢于第一个尝试食用土豆？又是谁对土豆进行了人工栽培呢？现在，就让我们去看看土豆的故乡吧！

野生土豆最早的“家”

大约 8000 多年前，在今天的南美洲的秘鲁和玻利维亚交界的科亚奥高原上，有一座印第安人的圣湖——的的喀喀湖，野生土豆就在湖边静静地生长着。那里海拔高、降水较少、土地贫瘠，而且昼夜温差很大，土豆能在这样的恶劣环境下繁茂生长，真的是具有非常顽强的生命力！

土豆的人工栽培

土豆的人工栽培最早可追溯到 7000 年前，美洲印第安人在一次饥寒交迫的迁徙途中最早发现了生长在湖边的野生土豆。考古学家也认为，远在新石器时代人类刚刚开始农耕的时候，印第安人就已经用木棒松土种植土豆了。

土豆在古代印第安人民生活中十分重要。他们认为这是上苍赐予的礼物，于是将土豆尊奉为“丰收之神”，并小心翼翼地开始了最初的土豆驯化和人工栽培。那时的野生土豆含有大量的毒素龙葵碱，吃起来有浓郁的苦涩味。为此，不少人付出了生命的代价。经过不断摸索，印第安人才慢慢学会了食用和种植它，并培育出了很多新的土豆品种。

土豆被西班牙人带回欧洲

在漫长的岁月里，土豆一直是安第斯山脉的主要作物之一，并逐渐向南美其他地区传播，但其他大陆的人们对它还一无所知。西班牙殖民者开启了土豆的“历险之旅”。西班牙人首先把土豆带回了欧洲，将其作为一种稀有礼品送入欧洲皇室。但贵族们只欣赏它美丽的花朵，认为其块茎只适合穷人食用，而农民则不信任这种外来作物。加上土豆本身容易产生毒素，食用不当会导致中毒，土豆的传播之路变得漫长而坎坷。

16 世纪 30 年代，西班牙殖民者到达安第斯山地区后，很快发现当地人在种植一种奇怪的植物，它生长着奇特的地下“果实”。这种“果实”煮熟后变得柔软，外面包着一层不太厚的皮，这就是今天已被我们熟悉的土豆。西班牙殖民者将土豆作为“战利品”带回欧洲，哥伦布又将它作为礼品献给了当时的西班牙女王伊莎贝拉。但女王和贵族们只是惊艳于土豆花的美丽，对土豆的块茎并不感兴趣。

很长一段时间内，土豆在西班牙并未受到重视。直到 1565 年，西班牙人基本结束了在南美的大规模掠夺，他们把大量的土豆用船运回到西班牙。同年，远征军向当时的西班牙国王腓力二世呈献一箱包括土豆在内的来自南美洲的农产品。色彩斑斓的土豆花很快受到了国王和贵族的青睐，并被西班牙王室种植在塞维利亚近郊的花园里，作为奇花异草来观赏，并作为稀有礼品来赠送。虽然，土豆受到了贵族和植物学家的推崇，但作为食物却不受欢迎。土豆的块茎长期被看作是穷人和牲畜吃的食物，那些贵族根本不屑于品尝。

土豆走上了法国人的餐桌

17 世纪，土豆传入法国，但在相当长的时间内都没有得到推广。起初，人们对这种外来作物完全没有兴趣。因为对土豆的营养成分没有进行科学的研究，许多人认为它对健康有害，认为吃土豆会引发麻风病、肺痨病或佝偻病……有的农学家则认为栽种土豆会使原本松软肥沃的土壤变得贫瘠，法国某些地区甚至还曾一度禁止人们种植土豆。值得庆幸的是，法国人安东尼 · 奥古斯丁 · 帕门蒂埃发现了它的营养价值，并促使土豆走上了人们的餐桌。直到 18 世纪末，法国才开始较大面积地栽培土豆。

土豆“伯乐”的故事

土豆在法国的推广种植，很大一部分要归功于帕门蒂埃。他生于 1737 年，是法国军队的一名药剂师。战争期间，帕门蒂埃曾在普鲁士做了 3 年的战俘，而土豆是战俘们的主要食物。他发现土豆很好吃，于是学会了土豆的烹饪和栽培方法。

1763 年，帕门蒂埃被释放回到巴黎，便开始研究土豆的食用价值和营养价值。他不仅在论文中指出土豆的安全性和可食性，还积极开展以土豆为主题的推广活动。在国王路易十六的一个生日宴会上，任职国王顾问的帕门蒂埃特意将一束美丽鲜艳的土豆花作为礼物献给了王后。果然，王后见了很是喜欢，之后在参加宴会或外出时总会把土豆花插在头发上。一时间，土豆花成为法国贵族的一种时尚。帕门蒂埃又举办了多场以土豆为主题的晚宴以及赠花活动，并在一次宫廷午宴上用土豆烹制了 20 多种美味的菜肴，博得了众多宾客的赞誉。

赢得了国王和王后的信任之后，帕门蒂埃在巴黎郊区种植了一大片土豆试验田，并请国王路易十六亲自去耕第一犁，以此来向大众宣传土豆这种新奇植物。他还请求国王派人在白天重兵把守土豆田，夜晚却无需看守。这一举动令周围的农民都很好奇，于是有人大着胆子在深夜偷了一些土豆苗拿到自家田里去种。不久，土豆就从试验田里走入了农民的田地。1785 年，法国北部发生了严重的饥荒，适应性很强的土豆迅速在全国推广种植，帮助法国渡过了难关。于是，帕门蒂埃被誉为宣传和推广土豆的“功臣”，并受到了法国科学院的嘉奖。后来，法国的很多土豆菜肴都以“帕门蒂埃”的名字命名。

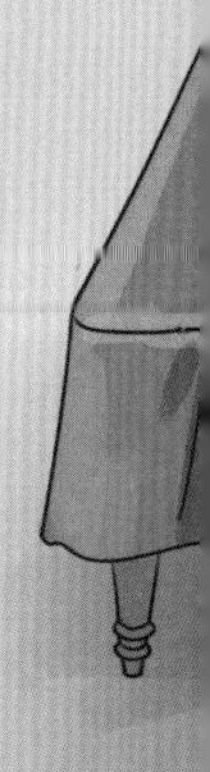

帕门蒂埃向国王和王后献上土豆花

帕门蒂埃为一场宫廷宴会烹制了众多土豆美食

英国人对土豆从抗拒到接受

16 世纪末，土豆传入英国，并开始在伦敦种植。不过，很长一段时间内，大多数英国人是不喜欢这种食物的。这是为什么呢？原来英国人不了解土豆，也没有掌握土豆的烹饪方法，以致吃起来难以下咽，甚至有时因食用不当而中毒；另一方面，固执的英国人还认为土豆是对以小麦为代表的传统食物文明的破坏。

直到 1794 年，英国小麦歉收、食物短缺引发了社会动乱。此时，对于要不要吃土豆，英国社会展开了一场大辩论。当时，一位颇具声望的农学家宣称土豆是“丰富之根”，可以作为食物来享用，至少它可以保证人们免受饥饿之苦。随后，土豆得以大面积栽培，并间接引发了英国人口的爆发性增长。

英国人最初并不知如何食用土豆，为此还留下了一些趣闻。比如航海家沃尔特·雷利就冒杀自在自己的院子里种了一片土豆，待土豆成熟后，精心准备了好几道土豆菜肴，邀请友人一起品尝。但朋友们却纷纷表示：“太难吃了！”雷利气得半死，下令把种下的土豆全毁了。

土豆难吃
土豆可以解决饥荒
土豆有毒
吃土豆是对小麦的“背叛”
土豆可以作为食物享用

土豆引发的爱尔兰移民潮

16 世纪末，传入欧洲的土豆受到了爱尔兰人的热烈欢迎，这是因为土豆非常适应爱尔兰独特的地理环境。爱尔兰西临大西洋，东靠爱尔兰海，自然条件恶劣，谷类作物在这里生长得非常艰难，小麦几乎不能生长。不过，土豆这个外来作物却对爱尔兰的气候和土壤极其适应。到 19 世纪时，土豆已经成为爱尔兰人的主要食物。

19 世纪 40 年代中期，一场可怕的“土豆瘟疫”席卷了爱尔兰。土豆因此大规模减产，并导致上百万爱尔兰人死于饥荒，近百万人逃往世界各地，形成 19 世纪规模最庞大的移民潮。

爱尔兰“土豆瘟疫”引发庞大的移民潮

沙皇将土豆引入俄罗斯

传说 18 世纪初期，俄罗斯帝国的彼得大帝在游历欧洲时被美丽的土豆花吸引，于是重金买下一袋土豆带回自己的花园栽种。虽然土豆被成功带入俄罗斯，但当地的农民却始终不接受这种新的作物。

19 世纪中期，为了抵御饥荒，沙皇尼古拉一世曾下令让农民大规模种植土豆。这项命令非常苛刻，不但强行征用农民的土地来种土豆，还把那些不愿种土豆的人一律送去做苦役。这使得农民叫苦不迭，最终引发了一场“土豆暴乱”。暴乱最后被强行镇压下去。随后，农民开始大量种植土豆。人们很快发现土豆产量高，营养丰富，对环境的适应性也很强，得到实惠的农民也就此接受了土豆，并逐渐将它作为主要食物。如今，土豆已成了俄罗斯人最重要的食材，用土豆做成的美食可达上百种，真是令人惊叹！

在美国安家落户

有趣的是，虽然同在美洲大陆上，土豆却是绕了大西洋好大一圈，才来到了北美洲。爱尔兰移民首先把土豆带到北美洲，很快土豆就在这里得到了广泛种植——这还要感谢科学家本杰明·富兰克林的积极推广。他在法国任美国大使期间，曾在一次宴会上品尝过土豆美食，觉得非常美味。回到美国后，他经常盛赞土豆是最好的蔬菜。

美国历任总统对土豆的喜爱，推动了土豆在美国的普及。第一任总统华盛顿将马铃薯种植在自己的庄园；第二任总统约翰·亚当斯的家信中频繁出现“吃土豆”的文字；第三任总统托马斯·杰弗逊还曾在白宫用炸薯条招待客人。在今天，以土豆为原材料的炸薯条已成为美国最流行的食物。

土豆成为重要粮食作物

到 18 世纪末，土豆已基本完成了它的世界传播之旅。如今，土豆在世界各地几乎都有种植，并培育出很多新的品种。随着人们对土豆营养价值认知不断加深，土豆已成为继玉米、小麦和水稻之后的世界第四大粮食作物，并越来越受到人们的重视。有趣的是，科学家们还进行了模拟火星环境种植土豆的实验，计划将来在火星上种植土豆。

漂洋过海来到中国

土豆并不是中国土生土长的作物，而是漂洋过海来到中国的“外来户”。那么，土豆是什么时候来到中国的呢？对此，专家们说法不一，有专家认为，土豆在明代万历年间就已出现，不过当时比较稀少，只有达官贵族才能享用；但也有专家认为土豆

土豆的食用方法

随着土豆在中国落地生根，人们也一直在不断尝试着烹饪土豆的新方法。最初，人们只是将土豆煮熟来吃。后来，人们又将土豆打磨成粉，与荞麦等主食一同烹煮。

是 18 世纪 70 年代末才被成功引种的。虽然土豆传入的时间存在争议，但大家基本同意的是，直到清代晚期，土豆才开始大范围种植。在进一步的传播过程中，还培育出了很多新的土豆品种。从 2010 年开始，中国的土豆种植面积和产量就一直稳居全球第一，是名副其实的“土豆大国”！而土豆也早已融入中国人的餐桌，成为中国饮食文化中不可或缺的一部分。

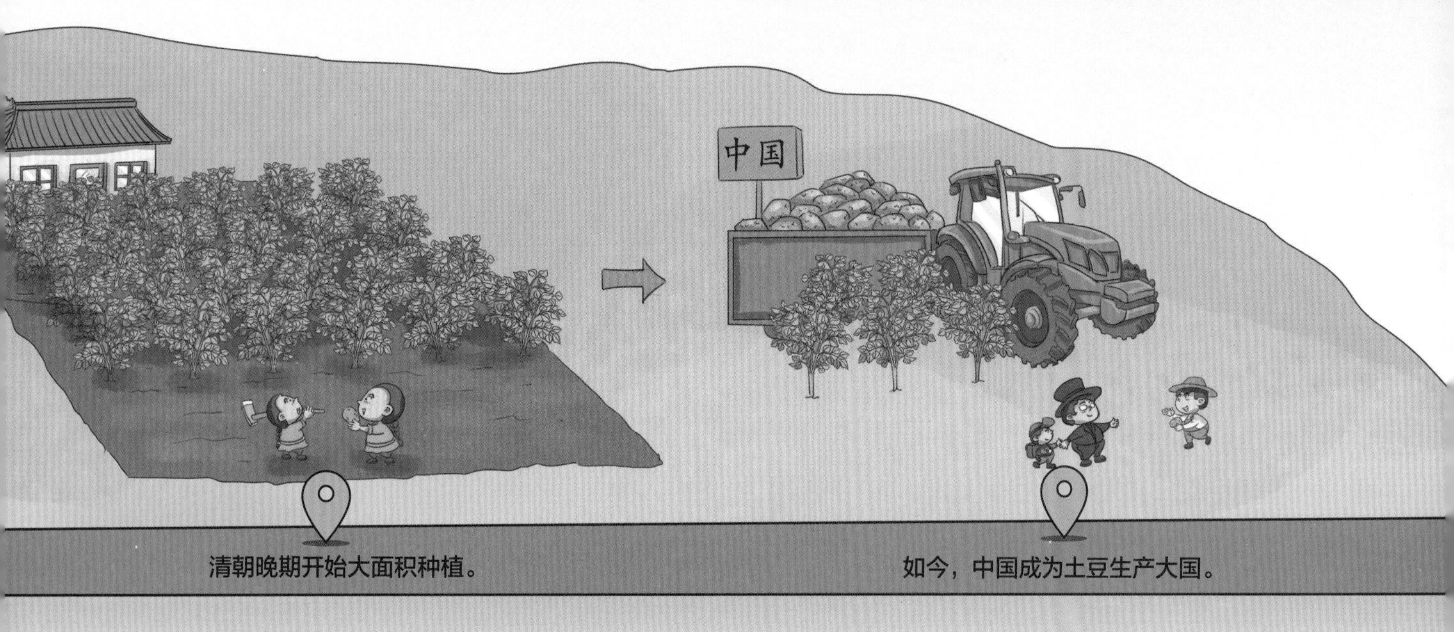

现在，土豆的烹调方式已经千变万化，既能糅合米面做成点心小吃，又能切成丝、片、块状作为主料或配菜，各种色香味美的土豆美食非常受欢迎！

土豆的生长日记

开始播种啦！

一般来说，土豆多在春季种植，这时天气比较凉爽，适合根茎的生长。但由于我国各地的气温相差比较大，不同的地区土豆种植的时间也不同。东北、西北地区是在4~5月种植土豆，而比较温暖的南方则会在晚冬播种。

在东北地区，春暖花开的季节，正是土豆播种的好时节，农民伯伯们开始在田里忙碌起来。首先需要翻耕田里的土壤，让泥土变得松软。然后，将已经发芽的土豆块茎切成小块，放入挖好的浅沟中。发芽的一端放在上面，然后用土轻轻覆盖。很快，一大片田里土豆就种好了，新的生长开始喽！

小贴士　土豆是用块茎播种的！

你知道吗？虽然土豆会开花结果孕育种子，但几乎没有人会在种土豆时往田里直接播种种子。因为土豆种子会产生很大的基因变异，也就是同一拨种子种下去，长出来的土豆却千差万别。因此，人们在种植土豆时使用的是土豆的块茎。被选用的土豆块茎又称为“种薯”。

在大面积种植土豆时，人们会使用种薯播种机来播种。土豆被放入播种机的挂斗中，接着被一个一个地放入田地的犁沟里，然后被泥土覆盖起来。

幼苗茁壮成长

土豆播种完，大概 10 多天后，可爱的幼苗就出土了！

很快，土豆田里就会长出一片绿油油的小苗，它们伸展着枝叶，快速地生长着！出土半个月后，小苗的主茎上会长出 6~8 片叶子。出土 20 多天后，这时的土豆苗已经长得非常茁壮，茂盛的叶片层层叠叠，看起来生机勃勃！

5月15日

好想快点长大，为此我每天都在努力地吸收养分。看！我现在已经长得又高又壮了！

小贴士 土豆的中文学名“马铃薯”一词的由来

“马铃薯”一词最早见于康熙年间的《松溪县志》。但据考证，书中的“马铃薯”并不是我们所说的土豆，而是指一种类似的植物黄独。然而日本学者小野兰山却误以为西方传入的新物种potato（土豆）在中国被称为“马铃薯”，因此把它借用到日语里。于是，日本人便开始用“马铃薯”来称呼potato（土豆）。再后来，“马铃薯”这个称呼又被传回中国，于是中国人也开始这样叫。尽管这是个误会，但人们已经习惯了这个叫法，“马铃薯”就这样成为土豆的中文学名。

美丽盛开的土豆花

几天后，土豆苗的枝节上长出了小小的花苞。一朵朵美丽的土豆花星星点点地绽放在翠绿的茎叶上。看！土豆花的花蕊是金黄色的，花瓣的形状看起来就像一个小喇叭。

咦？为什么农民伯伯要把这么好看的土豆花摘掉呢？原来，土豆开花结果会消耗掉一部分养分。而土豆是块茎植物，不需要授粉，也就是说没有土豆花，土豆也能茁壮生长。所以，把花摘掉可以让养分集中供养到土豆块茎上。当然也可以不摘除花蕾，只要肥料充足，土豆一样可以长大。

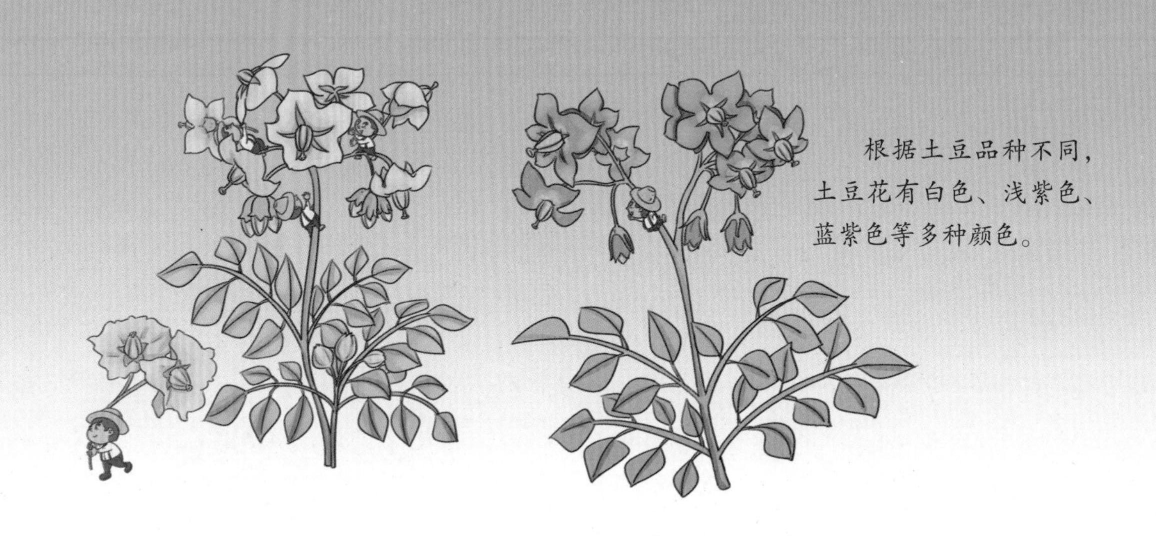

根据土豆品种不同，土豆花有白色、浅紫色、蓝紫色等多种颜色。

地下悄悄生长的小土豆！

你知道吗？在土豆花蕾出现的同时，地下的小土豆已经在悄悄生长了！如果不摘除花蕾，我们可以通过开花结果的时间来推断土豆块茎的生长阶段。一般，从花蕾出现到开花结束的这段时期，是“土豆宝宝”生长的重要时期。此时，地上的茎叶和地下的土豆块茎是同步生长的，它们一同吸收着养分，快速地增长着。然后，土豆块茎就在地下一点点膨大，逐渐从小豆丁变成圆鼓鼓的了！当花朵凋谢结出绿色的果实后，地上茎叶的生长就会变得缓慢乃至停止。这时，地下的土豆也不再增大，但会一直积累淀粉和其他营养物质，从而变得沉甸甸的。

6月20日

真开心！我的头上开着美丽的小花，根下还悄悄生长着“土豆宝宝”！嘘！不要告诉别人，等到它们成熟时，我会把它们当作礼物送给农民伯伯哦！

① 土豆块茎形成

② 土豆块茎积累淀粉，重量增加。

③ 土豆块茎逐渐膨大

土豆丰收啦！

当土豆植株的大部分叶片转黄并逐渐枯萎后，土豆的收获季节就到了！一般，土豆的生长周期因品种不同而有所变化，早熟品种大概 60~80 天，晚熟品种 120 天左右。看！农民伯伯已经在田里忙碌起来，他们将土豆苗拔出，并将收获的土豆收集到一起。看着堆成小山一样的土豆，人们享受着丰收的喜悦！

8 月 15 日

今天，我终于见到了我的“土豆宝宝”们。看，它们长得多可爱！

小贴士 发芽的土豆为什么不能吃？

土豆中含有一种叫作龙葵碱的物质。土豆没发芽时，龙葵碱的含量比较低，要吃很多很多才有可能中毒。但是土豆在发芽的过程中，为了抵御害虫对嫩芽的进攻，会在嫩芽中产生大量的龙葵碱。此时再吃土豆发青、发芽的部分，就极易引起中毒。龙葵碱中毒，轻则舌头麻痒、上吐下泻，但可以通过代谢功能自愈；重则瞳孔扩散、头晕耳鸣；更严重的还可能丧失意识，甚至死亡。所以，发芽的土豆不能吃。

休眠待生的新土豆

从收获到萌发幼芽的这段时间是土豆的休眠期。一般刚收获的新土豆，即使给以适宜的发芽条件也不会很快发芽。在室温条件下，有些土豆品种的休眠期短至 1 个月，有些则长达 4~5 个月。过了休眠期后，土豆会再次发芽，开始新一轮的生长！

土豆的生长过程

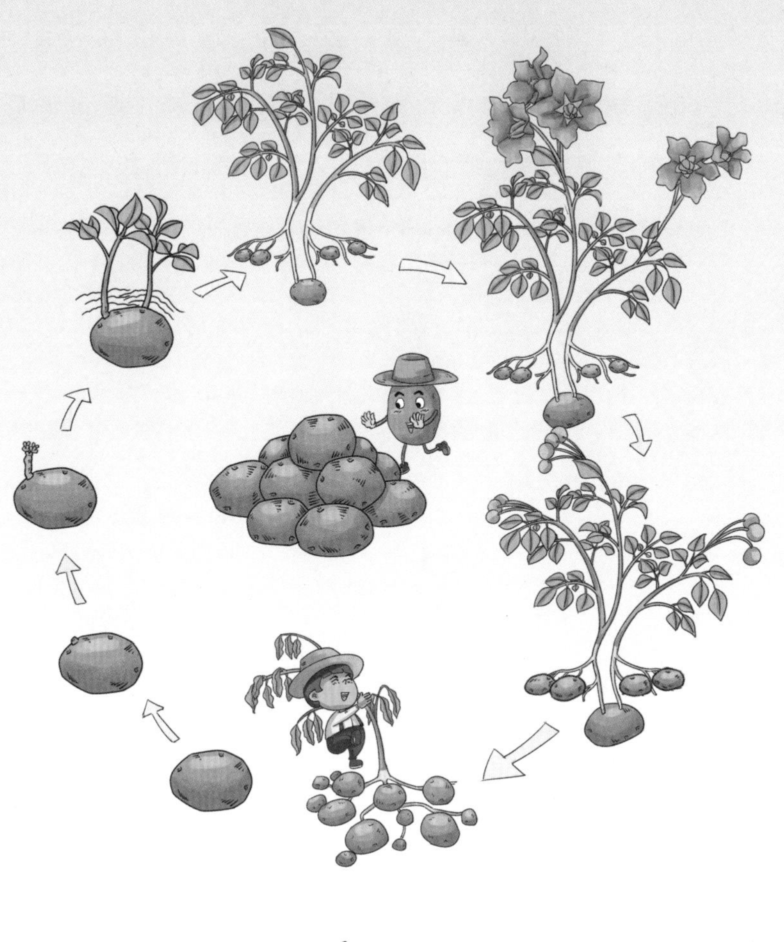

好玩的土豆家族

你以为所有的土豆都长得一样吗？那你就错了！其实，土豆是名副其实的大家族，“兄弟姐妹”不但遍布全球，颜色、大小更是各有不同。目前，世界各地的土豆品种已多达几千种。现在，就让我们来看看其中一些很有特色的品种吧，它们一定会让你惊叹不已！

特色土豆品种

细长的手指土豆

看！形状细长的它像不像手指呢？手指土豆就是因此而得名的。这种土豆口感清脆，水分较多。

可以“喝”的红皮土豆

这种土豆源自“土豆之乡”南美洲秘鲁，它的表皮呈淡淡的红色，但里面是黄色的。相比一般土豆，红皮土豆的口感更糯、更面，被认为是最适合做土豆泥和薯条的土豆。最特别的是，它富含汁水且没有涩味，甚至可以直接榨汁饮用。

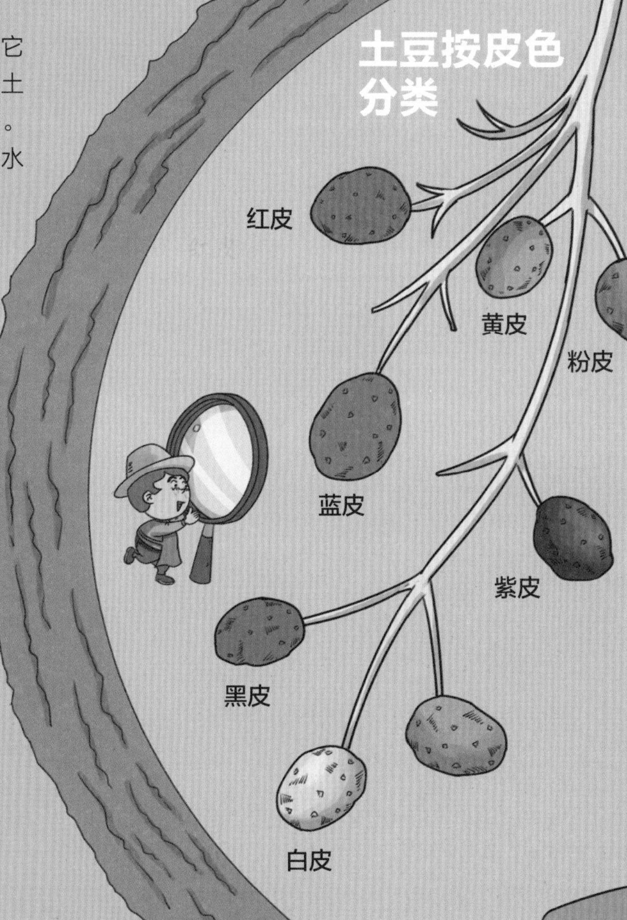

花青素宝库紫土豆

紫土豆是彩色土豆新品种，它因为富含花青素而呈现紫色。你知道吗？花青素有一定的抗衰老功效。紫土豆不仅口感细腻、香甜、软糯，还因为其独特的颜色，制成的食物令人食欲大增。

盛开的紫罗兰土豆

别看这种土豆表皮紫黑，有一点不好看。但当你把它切开时，就会惊喜地发现，一朵盛开的“紫色花朵”在切面“绽放”。是不是很有趣？

美丽的红宝石土豆

红宝石土豆是我国航天育种出的新品种。它表皮光滑，色泽鲜艳，蒸煮后薯肉呈现出红宝石般的鲜红色泽，十分美丽。这种土豆的营养价值很高，除淀粉含量稍低外，粗蛋白质、粗脂肪、维生素、胡萝卜素、钙、镁、钾、铁等元素含量都特别高。

土豆按形状分类

世界上最贵的 La Bonnotte 土豆

这种土豆产自法国的努瓦尔穆杰岛，因口感细腻而颇受欢迎，每年的产量不到 100 吨。它质地非常松软，使用任何工具挖掘都会对它造成损伤，因此只能手工采集。它的售价曾经一度高达每千克 500 欧元，约合人民币 4000 元。

迷你小土豆

这种土豆又小又圆，口感软糯。它的外皮非常薄，很容易去掉，适合炖煮、烧烤。

土豆的美味诱惑

土豆外貌平平，但它的味道却千变万化，简直就是食材届的“大咖”。不论哪国料理，不论什么菜系，土豆都能以各种“面貌”融入其中，成为餐桌上让人百吃不厌的美味担当。现在，就让我们一起开启土豆的美食之旅吧！

焙土豆

一种在土耳其极受欢迎的街头小吃。

咖喱土豆

咖喱料理是东南亚菜系里最让人难以抗拒的美味，土豆是咖喱汤底食材的不二之选。

古拉希

古拉希是匈牙利菜中一道颇具代表性的汤菜，把牛肉和土豆加上红辣椒和其他调料，用小陶罐子炖得烂烂的，浓郁鲜香！

手风琴烤土豆

大大的土豆切成薄片却不断开，像一只小小的手风琴。将浸泡着香料和盐的橄榄油涂抹在土豆薄片之间，经火一烤，香气诱人。

肉汁奶酪薯条

将香浓的肉汁和奶酪淋在刚炸好的薯条上，口感非常丰富！

花式吃土豆

香辣薯块

炸成金黄色的土豆块，浇上各种辣味酱汁，吃起来酥酥脆脆！

黄油土豆

黄油的香味结合土豆的软糯，咬一口，幸福感爆棚。

土豆浓汤

将土豆、香肠、胡萝卜、肉汤和鲜奶油一起熬煮成黏稠的浓汤，香浓可口！

土豆泥焗牛绞肉

在炒香的牛绞肉上铺一层软滑的土豆泥，撒上芝士碎后，烤熟，简单又美味！

土豆鸡蛋饼

土豆本身绵软的口感，加上鸡蛋的香浓滋味，味道真是一级棒！

夹克土豆

烤熟的带皮土豆中加入酱料和各种配菜，香气扑鼻！

一颗土豆的“72变”

真空土豆块的诞生

每天，南来北往的大卡车都要将又大又圆的土豆运到土豆加工厂。在这里，土豆将会经过清洗、去皮、切块等十几道工序，被制成土豆块、土豆泥、土豆淀粉等各种土豆制品。你想知道超市中真空包装的半成品土豆块是怎么制成的吗？一起去工厂里看看吧！

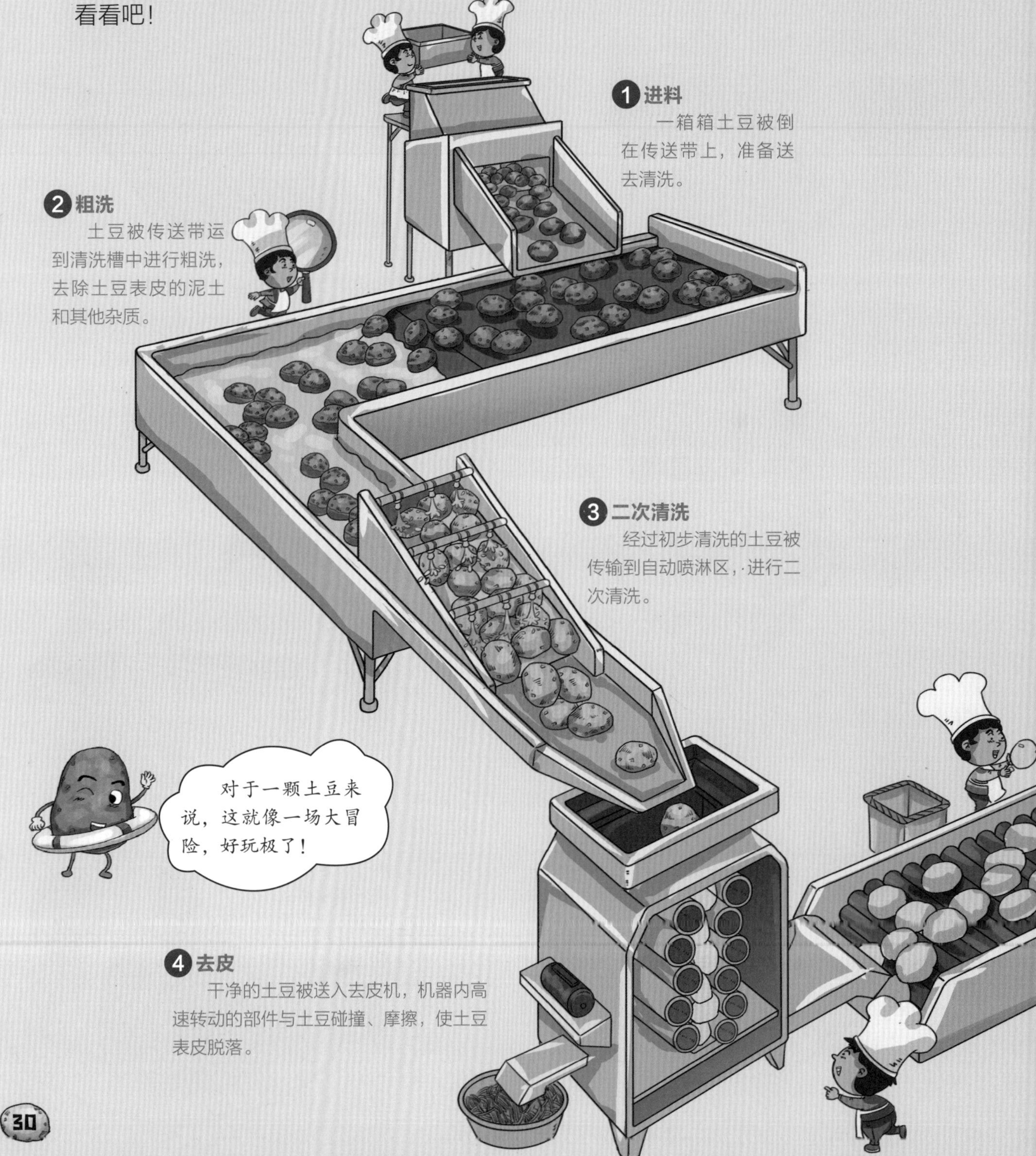

⑩ 装箱

将打包好的土豆块运往超市。这样，人们就可以很方便把它买回家，直接用它来做菜了！

⑧ 包装

把土豆块装入袋内，用真空包装机将里面的空气抽出，再进行密封，以便较长时间保持土豆块的新鲜度。

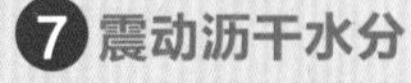

⑦ 震动沥干水分

震动沥干机通过高频震动去除土豆块上的水分。

⑨ 称重系统

自动记录每一批次的切块土豆的重量。

⑥ 切块

根据超市要求，分割设备会将土豆切成均匀的土豆块。

⑤ 分拣

不是所有的土豆表皮都能被清理干净，因此分拣环节必不可少。去皮土豆被送上分拣流水线，等待工人挑拣和手工去皮，以保证土豆外表光滑洁净。

小贴士 什么是真空和真空包装？

真空是一种物理现象，是指在给定的空间内低于一个大气压力的气体状态。我们可以把真空理解为气体较为稀薄的空间。真空包装技术起源于20世纪40年代，真空包装实际上并不是完全没有空气，所以真空包装也被称为减压包装。

土豆是怎么变成土豆泥的?

土豆泥是西餐中一种很受欢迎的菜式，它的口感香滑软糯，既可以在其中加入果酱做成甜品，又可以加入蔬菜、肉类做成沙拉。为了人们食用更方便，土豆加工厂会将土豆直接制成各种口味的土豆泥制品。快来看看土豆泥是怎么制成的吧!

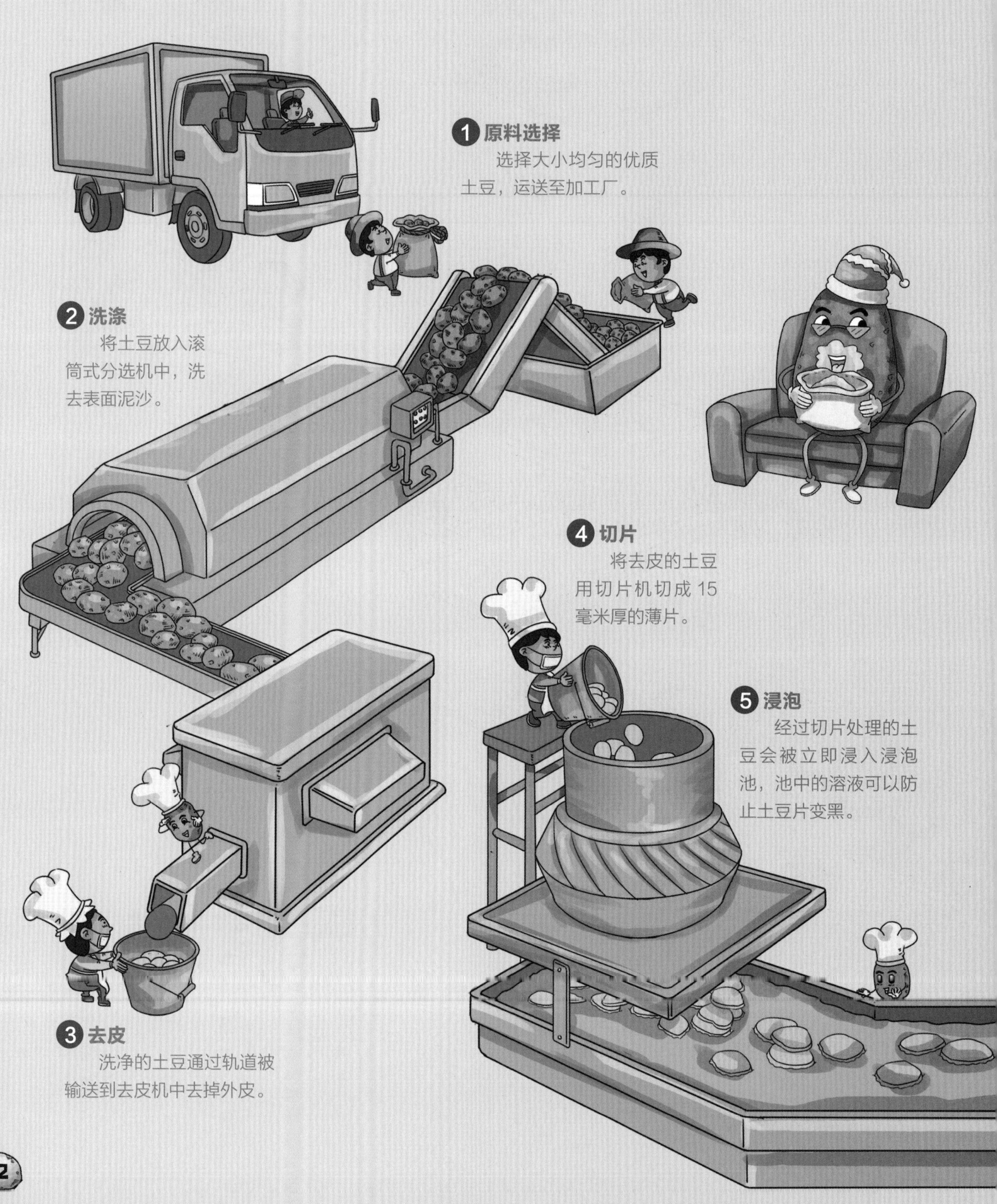

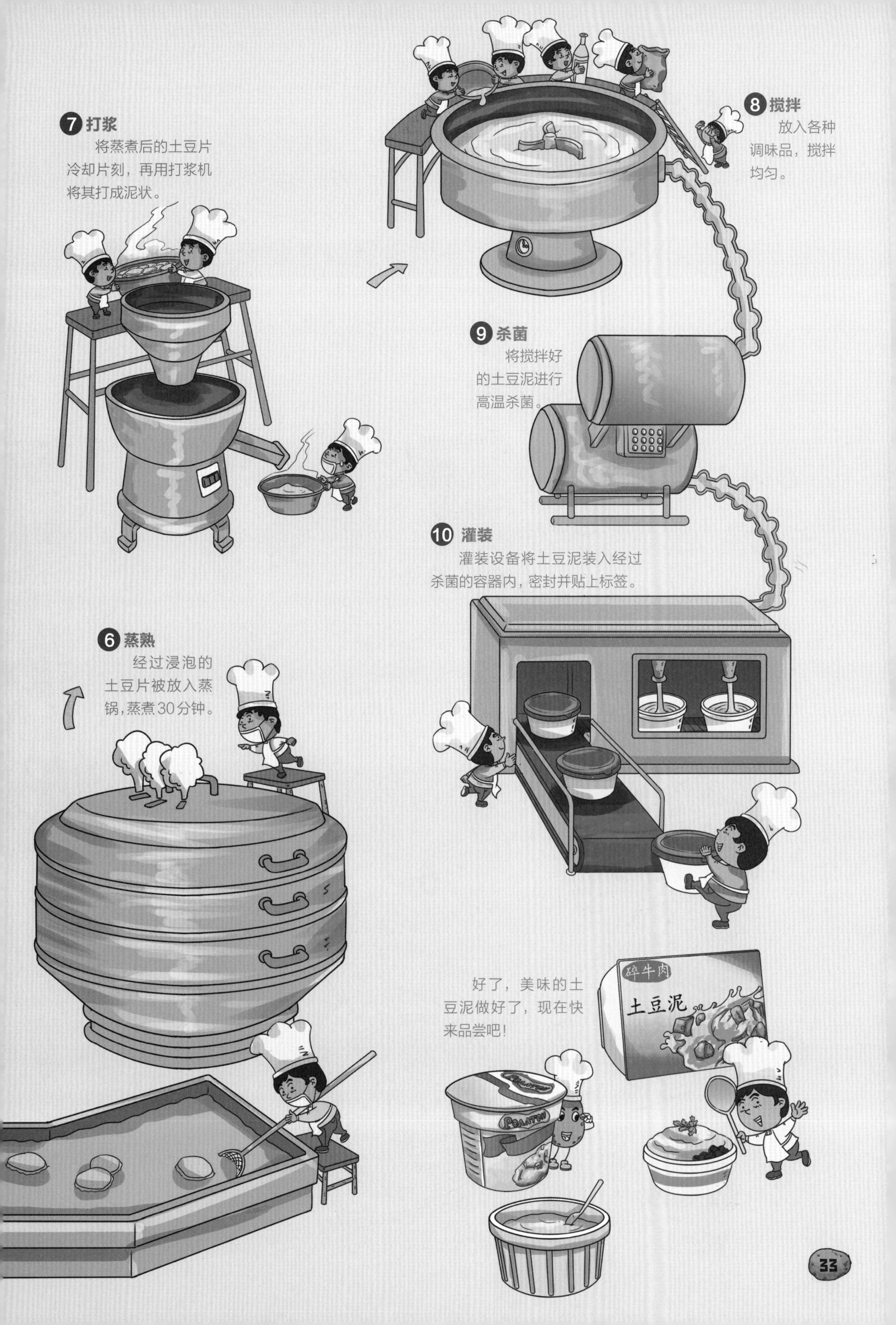

6 蒸熟
经过浸泡的土豆片被放入蒸锅，蒸煮30分钟。
7 打浆
将蒸煮后的土豆片冷却片刻，再用打浆机将其打成泥状。
8 搅拌
放入各种调味品，搅拌均匀。
9 杀菌
将搅拌好的土豆泥进行高温杀菌。
10 灌装
灌装设备将土豆泥装入经过杀菌的容器内，密封并贴上标签。
好了，美味的土豆泥做好了，现在快来品尝吧！
碎牛肉
土豆泥

土豆是怎么变成薯片的?

你知道薯片是怎么来的吗？它还有一个有趣的小故事呢！据说，某一天，美国一家餐馆里有顾客抱怨说“炸土豆实在太厚了”，于是厨师就想到了一个恶作剧——把土豆切成纸一样的薄片，油炸后送给客人。不料，客人吃起来觉得十分美味。于是，薯片就诞生了。后来，人们不仅用切片土豆来制作薯片，还用脱水土豆粉来加工薯片。现在，我们一起去看看土豆是如何变成薄薄的薯片的吧！

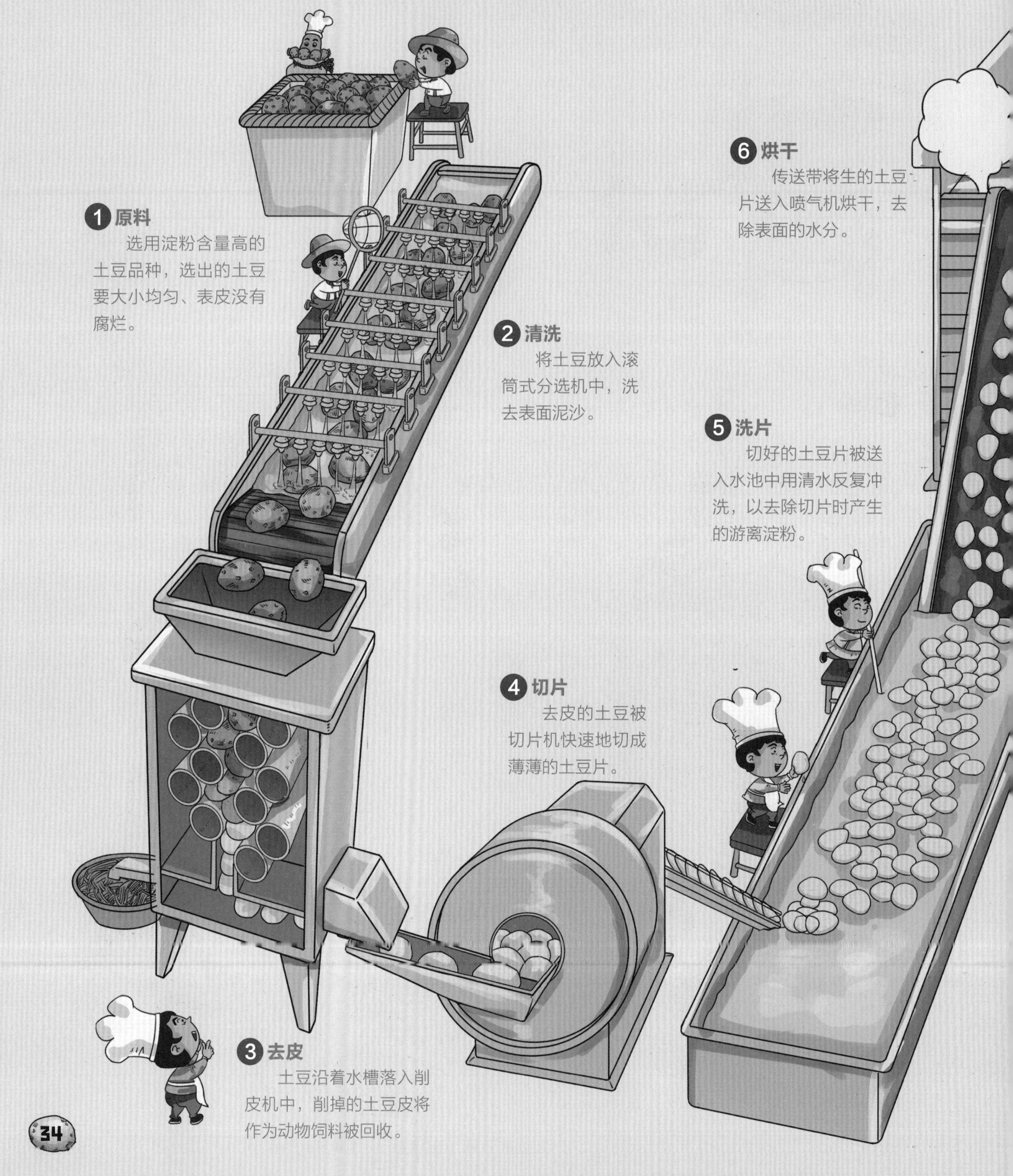

1 原料

选用淀粉含量高的土豆品种，选出的土豆要大小均匀、表皮没有腐烂。

2 清洗

将土豆放入滚筒式分选机中，洗去表面泥沙。

3 去皮

土豆沿着水槽落入削皮机中，削掉的土豆皮将作为动物饲料被回收。

4 切片

去皮的土豆被切片机快速地切成薄薄的土豆片。

5 洗片

切好的土豆片被送入水池中用清水反复冲洗，以去除切片时产生的游离淀粉。

6 烘干

传送带将生的土豆片送入喷气机烘干，去除表面的水分。

小贴士 为什么薯片是不健康食品？

土豆原本是很好的食材，但经高温油炸后，会使其中的蛋白质和维生素都受到一定损失，并容易产生有毒有害物质，甚至会产生致癌物。薯片中加入的调味料含有大量盐分和过多的增鲜物质。而且薯片的油脂含量过高，这对人的健康十分不利。对儿童来说，吃太多薯片不仅会导致营养不良，还会影响生长发育。所以，小朋友尽量少吃薯片哦！

土豆是怎么变成土豆淀粉的？

你知道吗？我们吃的长长的像面条一样的土豆粉，是用土豆磨碎提取的土豆淀粉做成的。土豆淀粉的用处非常广泛，不但应用于食品加工业，还被应用于造纸业、纺织业等许多领域。现在，就让我们一起来看看土豆是如何变身为土豆淀粉的吧！

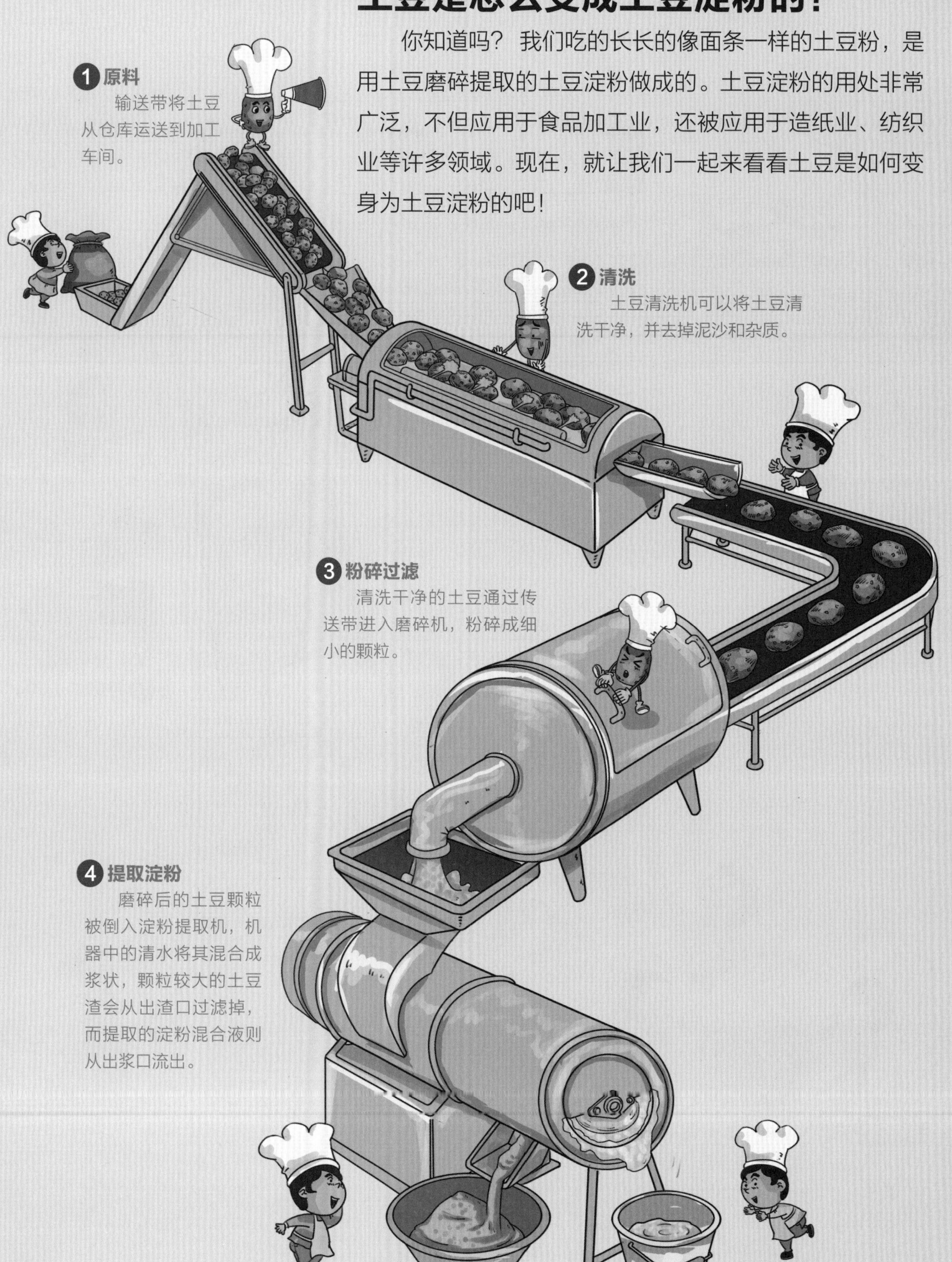

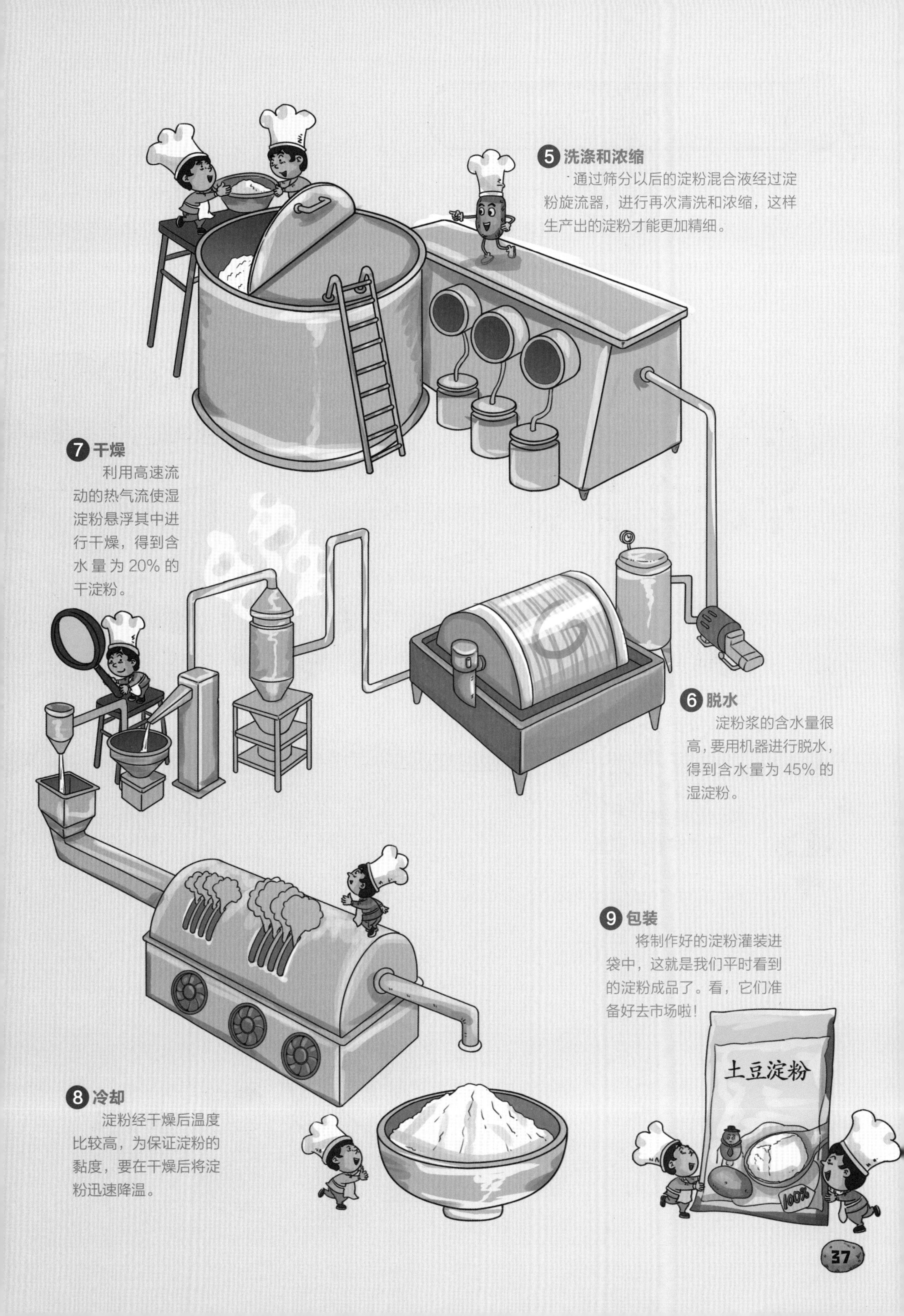

5 洗涤和浓缩

通过筛分以后的淀粉混合液经过淀粉旋流器，进行再次清洗和浓缩，这样生产出的淀粉才能更加精细。

6 脱水

淀粉浆的含水量很高，要用机器进行脱水，得到含水量为 45% 的湿淀粉。

7 干燥

利用高速流动的热气流使湿淀粉悬浮其中进行干燥，得到含水量为 20% 的干淀粉。

8 冷却

淀粉经干燥后温度比较高，为保证淀粉的黏度，要在干燥后将淀粉迅速降温。

9 包装

将制作好的淀粉灌装进袋中，这就是我们平时看到的淀粉成品了。看，它们准备好去市场啦！

土豆的神奇功效

你知道吗？土豆虽然看起来其貌不扬，却具有非常高的营养价值。联合国粮农组织甚至将土豆称为“营养价值之王”“埋在地下的宝物”。那么，土豆都有哪些营养价值？对我们的身体又有哪些好处？一起来看看吧！

土豆含有大量蛋白质

一些土豆品种的蛋白质含量可以与鸡蛋媲美，且容易被人体消化和吸收。土豆的蛋白质中含有 18 种氨基酸，其中就包括人体必需但自身不能合成的多种氨基酸。

土豆能够健脾开胃

土豆中含有大量的淀粉、蛋白质、B 族维生素、维生素 C 等，不但可以很好地帮助我们消化食物，还对脾和胃部具有保健作用。

土豆是优质的减肥食品

土豆只含 0.1% 的脂肪，是所有主粮中脂肪含量最低的。食用土豆既能减少脂肪摄入，又能让人吃饱，可以帮助身体将多余脂肪代谢掉，达到瘦身目的。

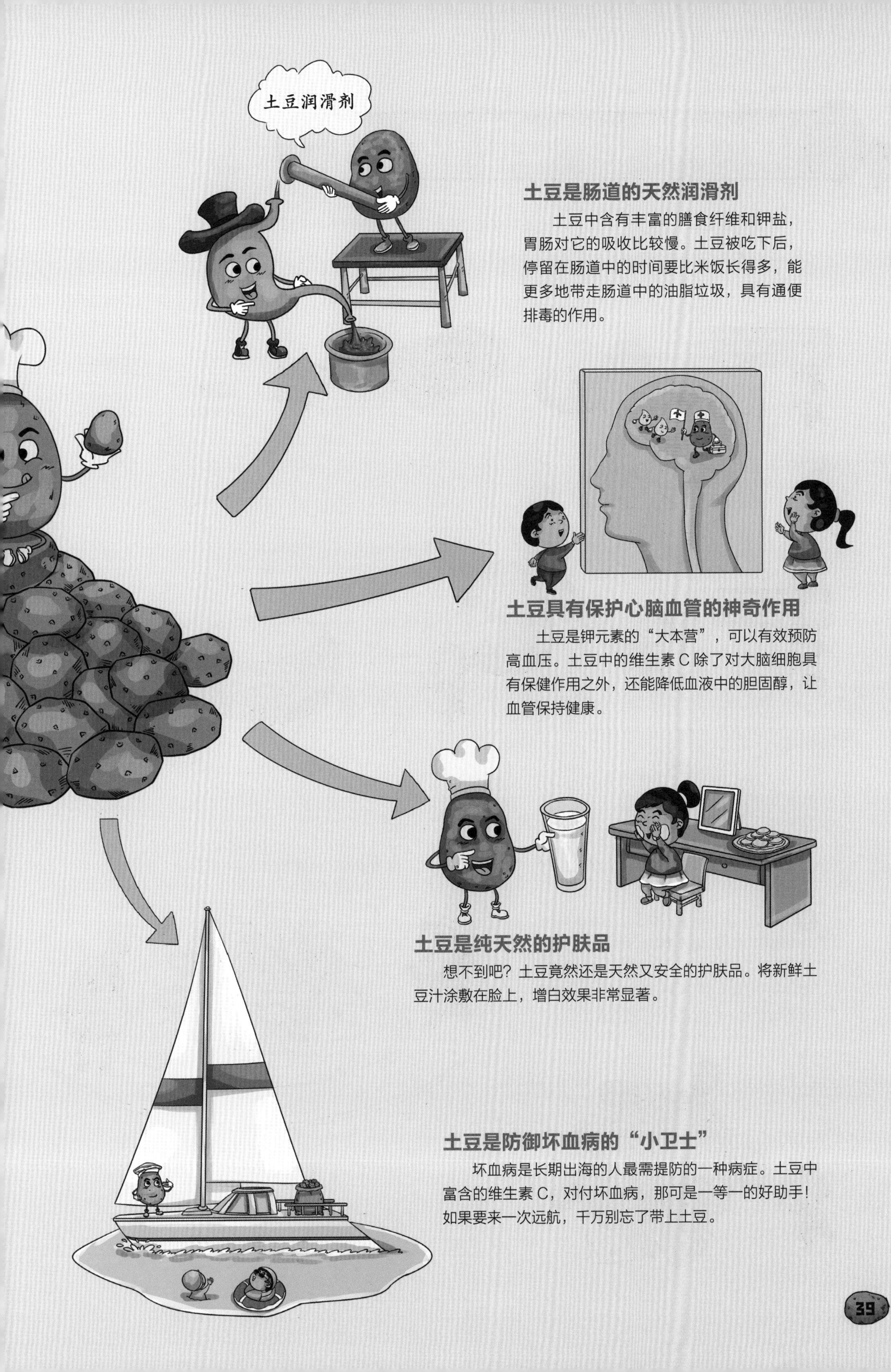

土豆是肠道的天然润滑剂

土豆中含有丰富的膳食纤维和钾盐，胃肠对它的吸收比较慢。土豆被吃下后，停留在肠道中的时间要比米饭长得多，能更多地带走肠道中的油脂垃圾，具有通便排毒的作用。

土豆具有保护心脑血管的神奇作用

土豆是钾元素的“大本营”，可以有效预防高血压。土豆中的维生素 C 除了对大脑细胞具有保健作用之外，还能降低血液中的胆固醇，让血管保持健康。

土豆是纯天然的护肤品

想不到吧？土豆竟然还是天然又安全的护肤品。将新鲜土豆汁涂敷在脸上，增白效果非常显著。

土豆是防御坏血病的“小卫士”

坏血病是长期出海的人最需提防的一种病症。土豆中富含的维生素 C，对付坏血病，那可是一等一的好助手！如果要来一次远航，千万别忘了带上土豆。

制作好玩的土豆小刺猬

你知道吗？土豆还可以用来制作有趣的手工作品哦！快和爸爸妈妈一起，用土豆做一个可爱的小刺猬吧！

材料和工具

土豆　海苔　葵花籽　小刀

制作步骤

1 请爸爸妈妈帮忙将洗净的土豆用刀切去一小半。注意，用刀时一定要小心！

7 看，一只可爱的小刺猬出现了！

8 你还可以发挥创意，制作出更多有趣的小刺猬哦。比如用牙签替代葵花籽，并在牙签上插上红枣。看，像不像一只刚刚采摘回来的小刺猬？赶紧和爸爸妈妈一起用小刺猬表演一个有趣的小节目吧！

2 将大的一半土豆平放在盘子里，作为小刺猬的身体。
3 请爸爸、妈妈帮助我们将土豆块一边的皮削去。
4 然后再削出尖尖的嘴巴，这部分就是可爱小刺猬的脑袋啦！
5 将海苔剪出2个小圆片，贴在脑袋上，作为小刺猬的眼睛。
6 将葵花籽一个个竖插在刺猬的背上，作为小刺猬的尖刺。

7000多年前

野生土豆

居住在南美洲安第斯山区的印第安人率先改良了野生土豆，当时的土豆含有大量毒素（龙葵碱），经过驯化才成为最早的种植土豆。

16世纪

土豆种在花园里

西班牙殖民者将土豆带到欧洲，很长一段时间内，人们将它种在花园里欣赏美丽的花朵，对其食用价值和食用方法知之甚少。

20世纪20年代

土豆削皮机

19世纪末，土豆削皮、切片都要依靠手工，因此都是小批量生产薯片。土豆削皮机的出现改变了这种生产状况，也让薯片成为一种世界性食品。

20世纪40年代

“超级干粮”

第二次世界大战期间，美国士兵在战场上餐餐都会吃一种军用压缩饼干和午餐肉。它们的主要成分就是用土豆做成的“土豆全粉”，它几乎包括了粮食、蔬菜、水果中的全部营养。这些超级战场干粮为美国士兵保持战斗力提供了保障。

1995年

太空土豆

土豆植株在太空上培育成功，土豆成为第一种登上太空的食物。

2008年

国际马铃薯年

为提高人们对土豆在农业、经济和全球粮食安全中的地位的认知，联合国宣布2008年为“国际马铃薯年”。

1772 年

“土豆伯乐”

土豆能作为食物在法国广为传播，得益于法国人帕安东尼·奥古斯丁·帕门蒂埃的积极推广。由于他的不懈努力，1772 年，巴黎医学院宣布土豆为可食用食物。

1802 年

炸薯条

美国第三任总统托马斯·杰斐逊在 1802 年的白宫晚宴上引入了法式炸薯条，薯条得以在美国风靡至今。

1845-1849 年

土豆大饥荒

一场“土豆瘟疫”席卷了爱尔兰，导致土豆歉收。土豆是爱尔兰的主要粮食作物，由于长期依赖于土豆这种单一食物，土豆的歉收，造成爱尔兰连续几年的大饥荒。这场大饥荒引发了上百万爱尔兰人死亡，近百万爱尔兰人远渡重洋逃难到世界各地。

1853 年

薯片

乔治·克罗姆是美国月亮湖宾馆的厨师，因不满顾客再三挑剔他的炸土豆片太厚，就干脆把土豆切成纸片一样的薄片，然后炸得脆脆的，又抓了一把盐撒上，没想到客人对这些土豆片满意极了。于是，薯片就这样诞生了！

2010 年

土豆生产大国

从 2010 年开始，中国的土豆种植面积和产量一直稳居全球第一，成为土豆生产大国。

2015 年

土豆主粮化

中国启动土豆主粮化战略，土豆成为继稻米、小麦、玉米之后的第四大主粮。

你不知道的土豆世界

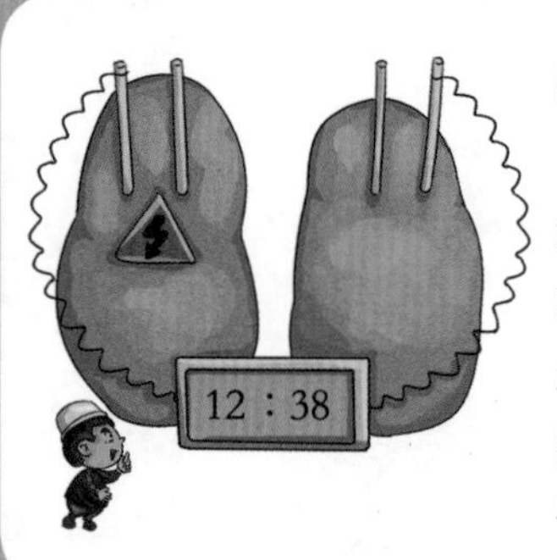

用土豆来发电

土豆能当电池使用？当然！以色列研究人员 2010 年就已研制出一种利用煮熟的土豆发电的有机电池。通过实验发现，2 个土豆可以为电子闹钟供电 3 天左右。

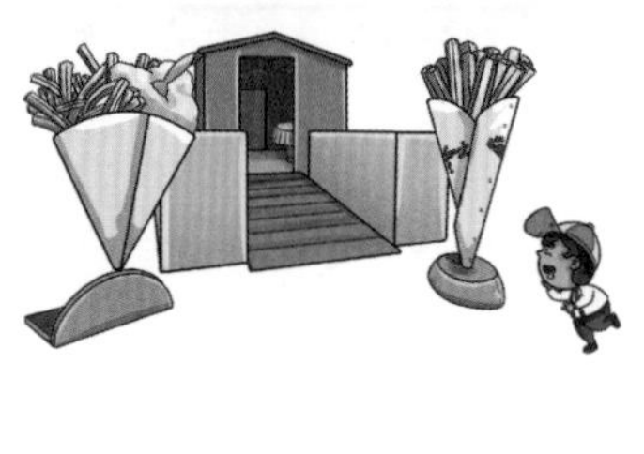

比利时薯条博物馆

薯条博物馆位于比利时西北部的城市布鲁日，是世界上首家以炸薯条为主题的博物馆。薯条博物馆于 2008 年正式对外开放，在这里不仅能了解到炸薯条的历史，还能获得有关炸薯条的研究成果的最新信息。

宇航员的太空必备食品

在宇航员的食谱中，土豆是必不可少的主食和菜肴，像土豆泥、土豆烧牛肉等都是宇航员的最爱。为什么选择土豆作为太空食品呢？因为土豆的热量、能量较高，营养价值又比较全面。一颗小小的土豆除含有碳水化合物外，还含有蛋白质、矿物质和维生素，更含有一般粮食作物缺少的赖氨酸、色氨酸、维生素 C 以及小麦、稻米中都没有的胡萝卜素等营养元素。而且，土豆的保质期长，适合太空长期储存。

土豆进军摄影界

土豆在许多人的眼里只是一种食物，但一位澳大利亚摄影师却用它制作了一台照相机。虽然拍摄的照片有点模糊，但照片的效果却别具特色。

用土豆作画

一位黎巴嫩艺术家认为土豆和人脸有许多惊人的相似之处，于是用画笔把土豆变成了人脸，个个惟妙惟肖，表情极为生动。

艺术家创作的超萌小土豆

德国艺术家彼得 · 平克（Peter Pink）为表达自己的艺术主张，曾创造出了一批可爱的小土豆，这些小土豆个个戴着粉色眼镜，又萌又酷，令人忍俊不禁。